U0302362

优秀技术工人
百工百法丛书

陈可营
工作法

海洋油气生产
绿色数智化设计
与应用

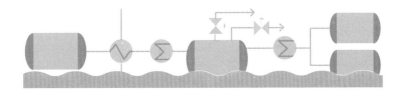

中华全国总工会 组织编写

陈可营 著

中国工人出版社

技术工人队伍是支撑中国制造、中国创造的重要力量。我国工人阶级和广大劳动群众要大力弘扬劳模精神、劳动精神、工匠精神，适应当今世界科技革命和产业变革的需要，勤学苦练、深入钻研，勇于创新、敢为人先，不断提高技术技能水平，为推动高质量发展、实施制造强国战略、全面建设社会主义现代化国家贡献智慧和力量。

——习近平致首届大国工匠
创新交流大会的贺信

优秀技术工人百工百法丛书

编委会

编委会主任：徐留平

编委会副主任：马 璐　潘 健

编委会成员：王晓峰　程先东　王 铎

张 亮　高 洁　李庆忠

蔡毅德　陈杰平　秦少相

刘小昶　李忠运　董 宽

优秀技术工人百工百法丛书
能源化学地质卷
编委会

序

　　党的二十大擘画了全面建设社会主义现代化国家、全面推进中华民族伟大复兴的宏伟蓝图。要把宏伟蓝图变成美好现实，根本上要靠包括工人阶级在内的全体人民的劳动、创造、奉献，高质量发展更离不开一支高素质的技术工人队伍。

　　党中央高度重视弘扬工匠精神和培养大国工匠。习近平总书记专门致信祝贺首届大国工匠创新交流大会，特别强调"技术工人队伍是支撑中国制造、中国创造的重要力量"，要求工人阶级和广大劳动群众要"适应当今世界科技革命和产业变革的需要，勤学苦练、深入钻研，勇于创新、敢为人先，不断提高技术技能水平"。这些亲切关怀和殷殷厚望，激励鼓舞着亿万职工群众弘扬劳模精神、劳动精神、工匠精神，奋进新征程、建功新时代。

近年来，全国各级工会认真学习贯彻习近平总书记关于工人阶级和工会工作的重要论述，特别是关于产业工人队伍建设改革的重要指示和致首届大国工匠创新交流大会贺信的精神，进一步加大工匠技能人才的培养选树力度，叫响做实大国工匠品牌，不断提高广大职工的技术技能水平。以大国工匠为代表的一大批杰出技术工人，聚焦重大战略、重大工程、重大项目、重点产业，通过生产实践和技术创新活动，总结出先进的技能技法，产生了巨大的经济效益和社会效益。

深化群众性技术创新活动，开展先进操作

法总结、命名和推广，是《新时期产业工人队伍建设改革方案》的主要举措。为落实全国总工会党组书记处的指示和要求，中国工人出版社和各全国产业工会、地方工会合作，精心推出"优秀技术工人百工百法丛书"，在全国范围内总结100种以工匠命名的解决生产一线现场问题的先进工作法，同时运用现代信息技术手段，同步生产视频课程、线上题库、工匠专区、元宇宙工匠创新工作室等数字知识产品。这是尊重技术工人首创精神的重要体现，是工会提高职工技能素质和创新能力的有力做法，必将带动各级工会先进操作法总结、命名和推广工作形成热潮。

此次入选"优秀技术工人百工百法丛书"作者群体的工匠人才，都是全国各行各业的杰出技术工人代表。他们总结自己的技能、技法和创新方法，著书立说、宣传推广，能让更多人看到技术工人创造的经济社会价值，带动更多产业工人积极提高自身技术技能水平，更好地助力高质量发展。中小微企业对工匠人才的孵化培育能力要弱于大型企业，对技术技能的渴求更为迫切。优秀技术工人工作法的出版，以及相关数字衍生知识服务产品的推广，将对中小微企业的技术进步与快速发展起到推动作用。

当前，产业转型正日趋加快，广大职工对于技术技能水平提升的需求日益迫切。为职工群众创造更多学习最新技术技能的机会和条件，传播普及高效解决生产一线现场问题的工法、技法和创新方法，充分发挥工匠人才的"传帮带"作用，工会组织责无旁贷。希望各地工会能够总结命名推广更多大国工匠和优秀技术工人的先进工作法，培养更多适应经济结构优化和产业转型升级需求的高技能人才，为加快建设一支知识型、技术型、创新型劳动者大军发挥重要作用。

中华全国总工会兼职副主席、大国工匠

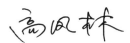

作者简介
About The Author

陈可营

1986 年出生，中国海洋石油集团有限公司高级技能专家、石油开采首席技师，采油高级工程师，国家级技能大师工作室领衔人。

曾获"全国技术能手"、全国能源化学地质系统"身边的大国工匠"、"广东省五一劳动奖章"、广东省"南粤工匠"、"中央企业青年岗位能手"等荣誉和称号，享受国务院政府特殊津贴。

陈可营躬耕蓝疆十五载，始终以"为国家寻油找气，筑牢能源安全之基"为己任。他担当作为，先后参与9个海上平台建造、投产，在首个开发过程由海油集团担任作业者的合作油田中，主导试生产问题攻坚，赢得多方高度肯定；主导完成全球首座10万吨级深水半潜式生产储油平台"深海一号"生产系统的试运行安全评估，从四个维度完善了超深水气田的生产运维管理体系。他敢为人先，设计出海上平台火炬气回收工艺，首次实践便实现每年回收放空气$3600×10^4m^3$；攻克风电并入微电网的技术难关，主导完成我国首座半潜式深远海浮式风电平台——"海油观澜号"成功并入文昌油田群电网。他技能报国，带领团队攻关技术难题900余项，创新成果获得国家专利78项，以实际行动助推中国海洋油气开采走好数智化、绿色化高质量发展道路，成为国家海洋强国战略实施的有力支点。

努力 把平凡的工作
做到不平凡！
　　　陈可萱

目　录
Contents

引　言
Introduction

　　石油工业对国民经济的发展及社会生产力水平的提升具有重要意义。在陆地油气资源储备不断消耗的同时，中国乃至世界石油行业逐渐将目光向海洋油气资源开发领域聚焦。海洋石油工业是在海滨和海底勘探、开采、输送、加工油气的各类生产活动的概称。近年来，随着我国在海洋油气资源勘探开发领域投入力度不断加大，海洋石油工业已成为保障国家能源安全的重要"增长极"和建设海洋强国战略的关键"着力点"。

　　海上油气生产装置是海洋油气资源采集的"主战场"，包括油气采集设备及油、气、水处理工艺流程，部分装置具备油气短期储存及外输能力。本书结合海洋油气生产绿色化、数智化两大发展趋势，立足海上一线实际情况，针对油气生产、处理、外输过程中可优化、可改进、可挖潜的内容，阐述了陈可营及其团队经深入思考和大胆实践后的一系列创新成果及经验总结。

　　本书阐述的技术均已投入使用并取得显著的经济效益、质量效益和社会效益，适用于绝大多数海上油气生产装置，具有可借鉴、可复制、可推广的特性，能够让海洋油气资源的开发更加安全、高效、环保，推动海洋石油工业向深向远发展。

第一讲

海洋油气生产绿色化、数智化发展概述

一、海洋石油工业概述

海洋石油工业中的主要海上油气生产活动就是将海底油气藏中的原油或天然气开采出来，通过采集，油、气、水初步分离与加工后，经过短期的储存，最后装船运输或经海管外输。海上油气生产装置是海洋油气资源采集的"主战场"，主要包括油气采集设备，油、气、水处理工艺设备和外输设备，部分装置还具备油气短期储存能力。当前，海上油气生产设施类型众多，根据海洋水深、海况差异、油藏面积、开采年限等因素的不同，基本可分为三大类：海上固定式生产设施、海上浮式生产设施及水下生产系统（见图1~图3）。

海上油气生产装置扎根海洋深处，具有作业环境恶劣复杂、安全生产要求高的特点，同时由于装置空间有限，因此设备紧凑与自动化程度要求高，还要有完善的生产生活供应系统、独立的

图 1　海上固定式生产设施

图 2　海上浮式生产设施

图 3　水下生产系统

发配电系统及可靠的通信系统。总之，海洋油气资源开发具有"高风险、高技术、高投入"的特点。若将石油行业比作一顶皇冠，那海洋石油工业一定是这顶皇冠上的耀眼明珠。

海洋油气开采方式与陆地基本相同，分为自喷和人工举升两种方式，采集出的油气通过生产管汇进入油、气、水处理工艺流程，所用设备设施主要包括三相分离器、水力旋流器、气浮装置、电脱水器、压缩机等。本书主要从油、气、水处理工艺流程及设备设施优化角度出发，阐述海上油田火炬放空气回收、海上风电平台并入微电网的安稳控制、台风遥控生产创新攻关、压缩机一键启停创新等四项创新技术。技术创新的根本目的是推动海洋石油工业绿色化、数智化发展，让海洋油气资源开发更加安全高效、绿色环保，并确保高质量发展，实现夯实国家能源安全与保护海洋"蓝色国土"两手抓、两手硬的目标。

二、海洋石油工业绿色化发展概述

海洋油气资源开发与海洋环境保护息息相关，随着"四个革命、一个合作"能源安全新战略的制定，以及"两山"理念、"双碳"目标等系列绿色发展理念的提出，海洋石油工业走好绿色环保的高质量可持续发展道路势在必行。

在海洋油气开发过程中，存在大量伴生气。受油气生产装置空间限制，大部分装置无法安装一整套的天然气收集和处理设备，因此只能采用火炬燃烧的方式，将大量伴生气处理掉。此举不仅对环境造成一定的影响，同时也将本可用作燃料的伴生气白白消耗掉，造成较大的经济损耗。因此，如何实现伴生气回收处理一直是制约海洋石油工业绿色发展的瓶颈，若能做到火炬伴生气回收，实现火炬排放量"消减"，不仅能助力"双碳"目标实现，还会取得显著的经济效益。

海上风力资源取之不尽、用之不竭，是汇集风能、光能、潮汐能等多种新能源的天然宝库。随着新能源产业的不断完善和技术的不断成熟，各国也将开发海上风电资源作为推动海洋石油工业绿色发展的重要举措。然而，为了给海洋油气生产装置供电，海上风电平台必须与燃油机、透平机等传统发电设备一同组成新的电力组网，这就需要解决风电启停对电网造成的波动、冲击、设备适配性等技术问题，这里面存在诸多技术挑战。

三、海洋石油工业数智化发展概述

2022 年，国家发展改革委、国家能源局发布《"十四五"现代能源体系规划》，要求加快能源产业数字化、智能化升级步伐，大力推动能源基础设施数字化，建设智慧能源平台和数据中心，实施智慧能源示范工程。推动海洋石油工业现代化、数字化、智能化发展及海洋油气生产设备设施升级改造具有以下作用：

一是提高海洋油气生产作业质效。通过设备设施自动化升级改造，能够将原本需要多个步骤且手动操作的设备启动整合成"一键控制"操作，不仅能极大地减少一线作业人员的工作量，提高工作效率，而且符合海上油气生产装置少人化甚至无人化的发展趋势，有效降低油气生产成本。

二是让海洋油气生产作业更加安全。设备设施的"一键控制"操作能够有效减少因人为误操作导致的安全生产隐患，也能避免因人为误操作导致的设备损坏，具有广阔的推广应用前景。

三是提高海洋油气产量。以台风遥控生产为例，在遥控生产基础上迭代完善数字化和智能化技术手段，把海上各类生产数据集中传输回陆地，再通过生产管理平台实现多系统之间的协调，最后通过大数据分析推动"智慧平台"建设。此项技术能够在人员撤台后仍保持一段时间的生产状态，最大限度地减少因台风造成的产量损失。在实现短期台风遥控生产后，可以进一步探索在陆地操控中心对海上生产平台的中长期遥控生产，以此助推少人化、无人化值守生产平台建设进程。

第二讲

海上油气田火炬放空气绿色低碳回收技法

一、海上油气田火炬放空气回收存在的问题

海上油气田在投产初期往往存在火炬放空量非常大的问题，需要后期根据实际情况进行生产适应性调整。油气田的初始设计方案一般是"全闭环"流程设计，正常工况下可基本实现火炬零放空。若油田伴生气量大于设备回收气量，则大量伴生气将通过火炬燃烧放空。若生产工况波动异常，也会出现天然气量间歇性超设备处理量的情况，导致大量含 C_3 以上组分的天然气放空至火炬，火炬间歇性冒黑烟情况明显（见图 4）。

为充分回收火炬放空的天然气，达到绿色低碳的目的，以某合作油田为例，开展了海上油田放空气回收问题的研究。某合作油田为新开发的海上油田，新建生产设施中心处理平台（PB 平台）、井口平台（A 平台和 B 平台），依托现有生产设施中心处理平台（PA 平台）进行油气开采。PB 平台只进行油、气、水的处理，本身无

生产井，其工艺处理系统分为合营和自营两个系统（见图5、图6）。合营系统只处理A平台及B平台的来液。由于B平台所生产的原油中硫化氢含量较高，因此B段塞流捕集器的气相放空去火炬燃烧。同时由于PA平台放空系统已经超负荷，因此在合作油田建成后，PA平台将部分放空气导入PB平台的放空系统中。投产初期，PB平台每日放空量近$10 \times 10^4 m^3$，造成了巨大的浪费。

图4　火炬间歇性冒黑烟情况

油田通过对工艺处理流程进行梳理（见图5、图6），找到了造成火炬放空量大的几个主要原因：

①B段塞流捕集器脱除的油田伴生气中含有硫化氢（1500mg/kg），此部分气体全部放空，每天放空量近 $3 \times 10^4 m^3$。

②合营及自营一、二级分离器的气相出口均直接连接压缩机入口管汇，未设计压力控制阀。当上游气液来量波动时，压缩机的压缩气量无法跟着快速调整，造成分离器压力升高，部分气液从分离器的放空控制阀处放空。

③通过排查发现部分容器的放空控制阀存在漏失现象，如A段塞流捕集器、自营二级分离器等。

④PA平台作为另一个中心处理平台，每天在油气处理过程中放空气量也非常大，并且同时在PB平台进行放空。另外，自营生产处理系统

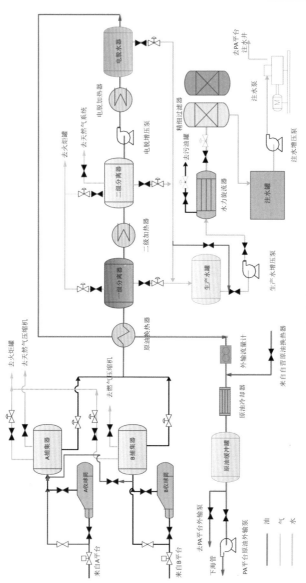

图 5   合营系统处理工艺

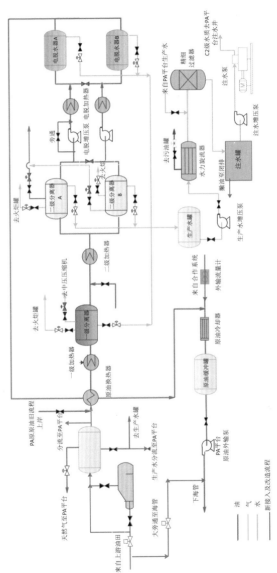

图 6　自营系统处理工艺

还存在一个问题，即随着下游油田不断地被开发，在设计操作的压力下，自营系统的一级、二级分离器的油水处理量已经接近设计处理量，造成分离后的生产水排出不及时，从而进入下游电脱系统。

二、油气田火炬放空气绿色低碳回收技法

针对油田火炬放空量大的问题，同时考虑未来开发的油田投用时处理液量的增加，制定了针对放空气回收的综合改造方案（见图7）。

方案按照投资的大小及需要改造的迫切程度分四步进行：

①自营系统的外输中，下游装置对原油中是否含气没有要求，因此自营系统可以不进行深度脱气处理。通过改造对合营及自营一级、二级分离器增加压力控制阀（图7中的控制阀4~控制阀7），分离器实现了压力的自主控制，不再受制于压缩机吸入口的压力。同时，新增自营二级分

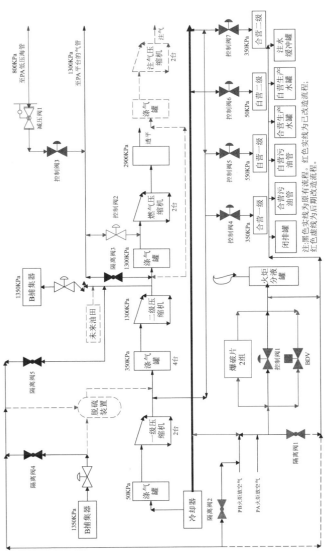

图 7　火炬放空气回收综合改造方案

离器到天然气二级压缩机的流程（图 7 中的红色实线），提高分离器操作压力，解决油、水处理量不能满足生产要求的问题。自营二级分离器分离出的天然气由一级压缩机压缩变为由二级压缩机压缩，降低了一级压缩机的负荷，为对回收的放空气进行压缩腾出了余量。

②天然气一级压缩机的入口管汇有 24in（1in=2.54cm）长，约有 $30m^3$ 容量，可以起到气体缓冲罐的作用。设计放空气的回收流程，对火炬分液罐前的管汇进行改造，由一路变为三路；爆破片（见图 8）设计爆破压力为 100 kPa，可防止放空气突然大量释放时憋压；压力控制阀（见图 9）可人为操作连通火炬分液罐直接放空；BDV 泄放阀（见图 10）在生产系统发生关断时，可连锁打开，实现紧急泄放。火炬放空气管汇的另一端新增管线，连接现有的 24in 管汇，可实现对操作压力超过 100 kPa 的容器的放空气回收。

图 8　爆破片

图 9　压力控制阀

图 10　BDV 泄放阀

火炬放空气管汇的压力升高至 50kPa 后，在火炬分液罐与放空气回收流程之间新增设一条管线，新增隔离阀 1（见图 7），与原放空管线隔离，解决合营及自营生产水缓冲罐、注水缓冲罐、合营及自营污油罐、闭排罐等常压容器（操作压力为 0~10kPa）无法放空的问题。

③ PB 平台燃气压缩机及 PA 平台压缩机均满负荷运行，但 PA 平台的低压海管尚有外输余量。同时考虑到所输送天然气中携带的凝析液对 PA 平台的影响，新增一条燃气压缩机涤气罐后至 PA 平台的管线；新增控制阀 2（见图 7）；新增 PA 平台 1300kPa 压力等级的管线连接低压海管（800kPa）的管线；新增控制阀 3、减压阀 1（见图 7），使回收的放空气涤液后通过低压海管外输至下游装置。

④由于 B 平台捕集器放空量每天可达 $3 \times 10^4 \, \mathrm{m}^3$，因此考虑增加脱硫装置，回收此部分天然气。在

PB 平台增加两台注气压缩机，将富余的气回注地层或进行气举采油。通过以上改造，可实现对 PA 平台及 PB 平台的放空气及富余气的回收利用。

三、火炬放空气绿色低碳回收应用效果

该技法的第一步与第三步改造减少了上游来液变化造成压力波动引起的放空，同时减轻了 PA 平台压缩机的负荷。第二步改造每天可回收低压放空气约 $6 \times 10^4 \text{m}^3$，第四步改造完成后每天回收低压放空气的最大限量可达到约 $10 \times 10^4 \text{m}^3$，可将放空气量进一步降低到每天 $1 \times 10^4 \text{m}^3$ 以内。

PB 平台油田改造项目目前已实现回收低压放空气 $3600 \times 10^4 \text{m}^3/$ 年，产生了巨大的经济效益，同时火炬放空冒黑烟现象得到明显改善（见图 11），为中国海油实现"双碳"目标迈出了重要一步。

图 11   治理后火炬放空冒烟情况

该技法也为其他需要进行放空气回收的油田提供了指导借鉴：

①在进行改造时充分考虑了本平台及邻近平台的设备容量，最大限度地利用现有的设备及管线流程，解决生产中的问题。同时，将之前一级压缩机的负荷转移到闲置的二级压缩机上，使用一级压缩机进行放空气回收，降低投资，并获得最佳收益。

②在对放空气进行回收时，将安全放在第一

位，增加了爆破片、压力控制阀、BDV泄放阀等，在紧急情况下三路均可实现压力的泄放，确保生产安全。

③回收改造时考虑了油田未来的发展，为未来新增的放空气回收及利用做好了准备。整个改造过程具有综合利用资源、盘活设备、安全第一、可持续发展的特点。

第三讲

"海油观澜号"并入海上微电网的安稳控制技法

一、风电并入海上微电网存在的问题

风电等新能源"靠天吃饭",具有间歇性、随机性、波动性等特点。相较于传统的燃气发电机组,风机的发电量与天气密切相关,即风力越强,发电量就越多。特别是在海上,风的大小和方向随时都可能发生变化,发电量也会随之发生变化。风电并入海上微电网后,风的不确定性对电网的稳定性提出了更大的挑战。

"海油观澜号"(见图 12)既是中国首个深远海浮式风电平台,也是全球首个给海上油气田供电的半潜式深远海风电平台,装机容量 7.25MW,所发电能通过动态海缆接入某油田群电网消纳。

某油田群海上微电网负责给 13 个海上油气生产装置供电,电网规模约 50MW,共有发电机组 11 台,涵盖燃气轮机、原油机组、漂浮式风电等不同类型,容量从 2MW 到 13MW,是海上电网特有的"大机小网"(见图 13)。

图 12　海油观澜号

　　海上油田设施的关键生产设备，如外输泵、压缩机等，其功率为 1~3MW，在所有用电设备中大负荷占比很高，并且单机功率占到单台发电机组容量 60% 以上，导致大负荷启动对微电网冲击巨大。特别是风电并入微电网后，风电的波动风险叠加，对海上微电网提出更严峻的挑战，严重时电网会解列，甚至会全网崩溃，直接导致全油田停电停产。

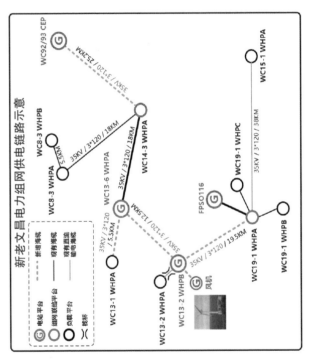

图 13 海上微电网

二、海上微电网安稳控制技术

为了解决这一难题，某油田群通过电网能源管理系统（EMS系统）、风机监控系统以及风功率预测系统之间的相互配合，将文昌电网的四个燃机电站与"海油观澜号"风电平台融合成一个整体。具体采用了以下安稳控制技术：

（1）"漂浮式风电＋气电"高度自适应源荷互动智能调度技术

针对漂浮式风电发电间断性的特点，机组为解决特性多样化且差异大等问题，实施基于源荷互动的"漂浮式风电＋气电"高度自适应智能调度技术，将海上微电网的燃气轮机、原油发电机组、风电发电机组等不同类型的发电机系统地整合在一起，提高电网频率和电压的稳定性（见图14）。

（2）在线预决策的快速动态负荷精准卸载控制技术

海上油田群互联电网具有波动大、容量小、

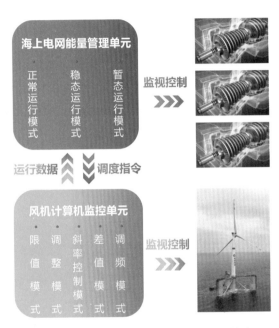

图 14　风机接入海上微电网自动控制技术

惯性小、抗冲击能力有限等问题，会面临因电源丢失、线路过载、系统低频等导致的发输电能力不足而带来的海上平台失电风险，需要控制系统在线分析当前运行工况，并快速精准地通过预先计算策略进行负荷动态卸载，以保障电网的安全稳定运行。

　　通过基于在线预决策的快速动态负荷精准卸载控制技术，针对所有电网可能发生的运行工况，实时对在线热备和可卸载负荷进行计算，并生成对应的安稳控制策略。在事件或故障发生时，能及时采取相应控制策略，实现快速精准卸载并保障电网稳定（见图 15）。

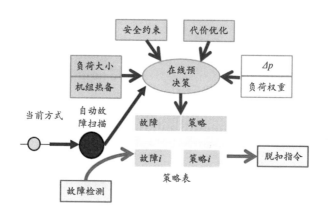

图 15　在线预决策的快速动态负荷精准卸载控制技术

（3）海上微电网大电机启动冲击的动态无功协同控制技术

油田群微电网的用电负荷以电潜泵、压缩机、原油外输泵等大容量电动机组为主，其用电负荷占总负荷比例约为 56%，大负荷启动给电网带来很大的无功冲击，也给油田生产带来很大的供电风险。采用海上油田群微电网大电机启动冲击的动态无功协同控制技术，通过控制系统对静态无功发生器、发电机励磁系统、变压器有载调压装置等设备的协同控制，不仅消除了大电机启动带来的无功冲击问题，还可以通过设定多目标无功调度控制模式，实现基于电压幅值、功率因数和无功出力等调度目标的区域无功补偿策略（见图 16）。

（4）基于风电并网的安稳控制调度技术

"海油观澜号"风电平台通过光纤将风电数据采集与监视控制系统（SCADA 系统）以及风功率预测系统的 Modbus Tcp 通信接入 132B EMS 主

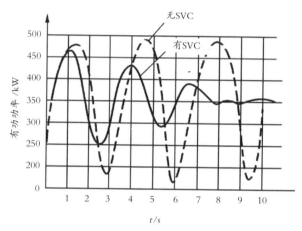

注：SVC 表示静止无功补偿器。

图 16　无功补偿策略应用效果

控制系统。通信拓扑结构如图 17 所示。

（5）风力发电机手动调度控制技术

风力发电机正常运行时，生产运维人员可依据当前的实时风速或风电的出力波动，手动调度控制风力发电机的实时出力（见图 18）。

（6）风力发电机自动调度控制技术

风力发电机接入电网后，当发生负荷的巨大

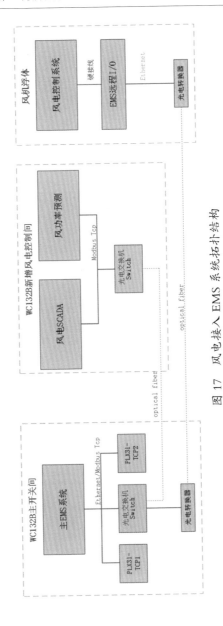

图 17 风电接入 EMS 系统拓扑结构

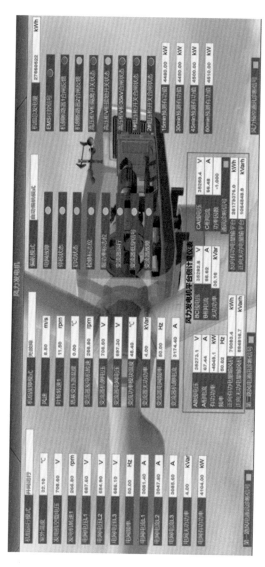

图 18 手动调度控制风力发电机

波动或电网解列时,风力发电机的出力无法进行适应性的调节。此时为防止电网其他燃料机组出现逆功率或极低功率运行的情况,EMS系统需要自动对风力发电机实现调度输出、软切除或硬切除控制,确保燃料机组的运行安全(见图19)。

①风力发电机自动调度。自动调度触发条件为检测到电网发生解列或电网运行功率发生大幅的突降。触发后将HMI画面上设定的燃料机组调度最大值依次与风力发电机联网的燃料机组实时运行值进行比较,调度值=风力发电机实时—累积(设定最大值—燃料机组实时值)。

调度输出包括:触发自动调度后,EMS系统维持150s调度操作;在150s内,EMS系统依据调度值和风力发电机实时出力值进行比较,风力发电机实时出力值在0.85~1.1倍的调度值区间为调度正常,不在这个区间则会在HMI画面显示

图 19   自动调度控制风力发电机

调度失败并报警；EMS 系统检测到调度风机失败后，自动对风机进行关断操作；EMS 系统在对风机进行关断操作的同时，30s 内检测风机带载值，当风机带载值大于 100kW 时，则认为风机关断失败，EMS 系统对风机进行硬切除操作。

②风力发电机软切除控制。软切除条件包括：EMS 系统和风力发电机通信正常；EMS 系统接收到风电可控信号；风力发电机在电网母线上。

关断触发条件包括：检测到电网发生解列或电网运行功率发生大幅突降。

关断输出包括：HMI 画面上设定的燃料机组关断最大值依次与风力发电机联网的燃料机组实时运行值进行比较，当燃料机组实时运行值小于设定值时，则输出软切除；EMS 系统在对风机进行关断操作的同时，30s 内检测风机带载值，当风机带载值大于 100kW 时，则认为风机关断失败，EMS 系统对风机进行硬切除操作。

③风力发电机硬切除控制。硬切除条件为风力发电机在电网母线上。

硬切除触发条件包括：检测到电网无解列且电网运行功率发生大幅突降；电网发生解列，软切除风机失败。

关断输出包括：断开风力发电机并网 VCB 开关，将风电退出电网。

（7）风力发电机跳机 CASE 控制技术

风力发电机接入电网后，作为一个无热备带载能力的机组纳入 EMS 系统进行管理。风力发电机实时出力作为 EMS 系统风力发电机跳机 CASE 的计算的最大值。

风力发电机触发 EMS 系统跳机 CASE 的条件包括：VCB105 分闸信号、风电故障减载信号、风电故障关断信号。触发 CASE 后，将通过 EMS 系统的快速动态负荷精准卸载技术，实现电网的安稳控制（见图 20）。

风力发电机的 CASE 热备计算公式为：

热备值＝在网机组最大出力值－总在线实时出力值－风电实时出力值－修正值

三、海上微电网安稳控制技术应用效果

该技术通过电网能源管理系统（EMS 系统）、风机监控系统以及风功率预测系统之间的相互配合，实现了风电与油田电能的统一控制和管理，形成主动控制与被动响应双重保障，减少了风机因天气影响对海上微电网的负荷扰动，进而确保油田微电网的安全与稳定。

该技术实现了多种运行工况的源网荷动态自适应功率协同调度，应用后全网机组带载率由 62.3% 提升到 85% 以上，全网可减少 2 台机组在线运行。

应用该技术后，可覆盖电网 90% 以上故障类型，可实现 120ms 内完成"触发—执行"全过程。

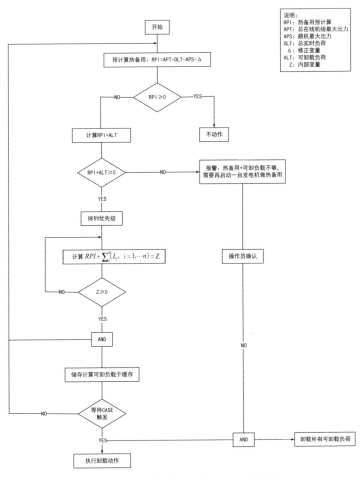

图 20　风力发电机跳机 CASE 控制

电网投用至今未发生一起平台失电事件，电网供电可靠性得到提升，预计每年可提高生产时率0.3%，挽回原油产量损失约 5000m^3，取得显著的经济效益。

应用该技术后，"海油观澜号"稳定运行，年发电量可达 2200 万 kW·h，每年节约燃料气近 1000×10^4 m^3，可满足 3 万名中国人一年的用电需求，可减少二氧化碳排放量 2.2 万 t，不仅为我国风电开发从浅海走向深远海奠定了坚实基础，也让中国海油实现"双碳"目标和推动能源结构向清洁低碳转型迈出了重要一步。

第四讲

台风遥控生产创新攻关技法

一、海上平台传统"防台风"模式存在的问题

　　南海西部海域每年4月到11月都处于热带气旋（台风）活动期，根据历年登陆海南岛的台风数量统计，从1949年到2016年，登陆海南岛的台风共有155个，其中文昌占49个。位于海南文昌附近海域的海上油气田受台风影响概率最大，受台风影响时间最长。

　　在海上平台传统"防台风"模式下，按照台风灾害应急预案，当八级大风前沿进入红色警戒区时，海上油气田将开始撤离除留守人员之外的其他人员，并逐步开展停产工作，停产完毕后，留守人员乘直升机撤离油气田现场（见图21）。每次"防台风"撤离都给油气田带来一定产量的损失。

　　海上平台传统"防台风"停产撤离模式存在以下弊端：一是"防台风"撤离前，海上平台由正常生产状态到停产完成安全"防台"状态有大

红色警戒区：以海上石油设施为圆心，M=（E+C）×V 为半径的范围。

黄色警戒区：以海上石油设施为圆心，M=（S+E+C）×V 为半径的范围。

绿色警戒区：一旦台风形成并将影响海上石油设施，以此时开始为绿色警戒区。

M：从生产设施至台风（八级大风前沿）的距离。
S：从停止正常作业到完成撤离前安全处置操作所需的时间。
E：完成撤离剩余人员到安全地带所需的时间。
C：完成处理突发事件所需的时间。
V：台风移动速度（预计的最大移动速度）。

图 21　台风应急撤离半径

量工作需要开展，这期间台风中心仍远离油田位置，现场实际仍具备生产条件，停产会造成不必要的产量损失；二是由于台风的不可预测性，本着"十防十空也要防"的原则，公司在一些低等级台风条件下，油田现场也选择停产撤离，会造成不必要的产量损失；三是由于台风实际路径经常发生与预测路径不一致的情况，每次撤离和恢复都给油田造成至少72小时的产量损失；四是每次"防台风"停产，在台风远离油田区域复产过程中，部分设备尤其是油井故障概率加大，电潜泵井"躺井"风险加大，会造成产量损失和经济损失。

二、台风遥控生产改造方法

当前，油气田智能化建设是大势所趋。为减少产量损失，探索"台风遥控生产"新模式势在必行。新模式即台风过境人员撤离期间，海上平台生产交由陆地生产人员进行生产遥控，当现场条件不允许油田正常生产时，则进行有步骤关断或执行生产关断或应急关断，在确保安全、环保的前提下，争取更多的生产时间，既减少产量损失，又可以避免设备意外故障带来的经济损失。

台风遥控生产模式改造工作以海上油气田现有生产工艺流程和设备设施控制系统为基础，结合现场生产运行经验，在安全、环保的原则下，制定台风期间的远程遥控方案，并以此完善生产系统和设备设施在台风无人条件下的操控，实现油气田生产的提质增效。具体攻关内容如下：

一是工艺处理系统及公用系统适应性改造。例如，因某油气田群在设计时未考虑到生产营运时需要遥控生产，设备运行及维护均为有人操作模式，平台设备复杂且自动化程度相对偏低，所以需要进行关键设备集成控制约七大项的适应性改造，在安全、高效、低成本的要求下，突破常规思路，创新优化生产工艺流程，以简单可靠为主线，提高台风期间生产的可持续性。

二是集成化控制，将干湿气压缩机、脱水系

统、水下生产系统、虚拟计量系统、电力系统等各个关键设备本地控制系统集合至中央控制系统，由中央控制系统统一控制。

三是低成本搭建陆地遥控中心，建立稳定及冗余的海陆通信控制链路。

四是优化正常生产模式及避台远程遥控生产模式。利用HAZOP风险分析工具进行风险分析及应急管理升级，梳理某油田群轻质链各装置生产特点及关断逻辑，并完成相应的关断逻辑修改变更。

（1）工艺处理系统及公用系统适应性改造步骤

①工艺处理系统改造。根据遥控生产需要，增加现场控制仪表及阀门进行参数监控、阀门调节、应急关断，实现陆地操作站远程控制。对湿气压缩机启机功能进行适应性改造，实现启机过程一键自动化以及远程机组切换功能。

②电站透平发电机新增蓄电池组及辅机盘供电改造。两台透平发电机各有一组蓄电池组，避台期间机组控制系统一直运行，如主机停机后且避台时间较长，则会导致电池耗尽，无法实现避台恢复时透平发电机的启动。因此，增加一组电池组与现有透平发电机蓄电池并联，避台撤离前将新增蓄电池断开，避台恢复时将新增蓄电池组投用。透平发电机由平台自产天然气作为燃料，而停机的后润滑系统由 400V 低压辅机盘供电。如因天然气工艺系统设备故障和发电机自身故障导致停机停电，应急发电机自动启动并向辅机盘供电，保证主机的后润滑系统供电并实现主机的安全停机。

③不间断电源（UPS）系统改造。不间断电源的关断只能选择手动关断，台风遥控生产情况下如果主电掉电且避台时间较长，UPS 持续运行至电池电量耗尽后才关断，会对电池使用寿命及

避台后复产造成负面影响。中控系统组态增加远程关断 UPS 蓄电池断路器信号（采取得电关断逻辑），蓄电池断路器更换为有脱扣线圈的直流断路器。

④干湿气压缩机润滑系统改造。平台天然气干湿气往复式压缩机（共 5 台机组）为湿式润滑模式，需要持续注入润滑油。润滑油由每台机组橇内高位油箱供应，高位油箱容量满足约 4 天的持续用油要求，不能够满足台风遥控生产要求。故对干湿气压缩机供油系统进行改造，将 5 台压缩机组供油管网进行联结，采用大型储罐集中供油（见图 22）。

（2）集成化控制适应性改造步骤

①将湿气压缩机、干气压缩机、三甘醇系统、水下生产系统、虚拟计量系统、电力供应系统各控制盘集成至中央控制系统，实现中央控制系统远程控制。

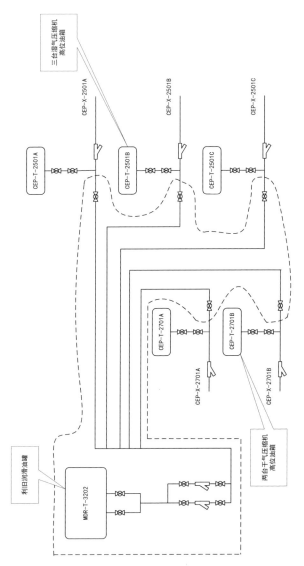

图 22　集中供油示意

②湿气压缩机、干气压缩机及三甘醇系统实现远程启停及切换功能。

③透平发电机、应急发电机改造增加远程启停功能（见图 23 ）。

（3）低成本搭建陆地遥控中心，建立稳定及冗余的海陆通信控制链路

①低成本搭建陆地遥控中心。建立陆地遥控生产监控中心，在陆地搭建 PCS 小系统，通过这套小系统与平台 PCS 系统进行通信。平台 PCS 检测到通信中断，会延时 30s 后报警。通过在陆地监控中心设置各个平台远程操作电脑，采用远程登录对应平台中控系统操作站的方式，遥控现场生产操作，实现工艺系统、公用系统提出的遥控要求（见图 24 ）。

②建立稳定及冗余的海陆通信控制链路。为建立稳定及冗余的海陆通信控制链路，需要对气田现有的卫星通信系统进行改造。一是增加

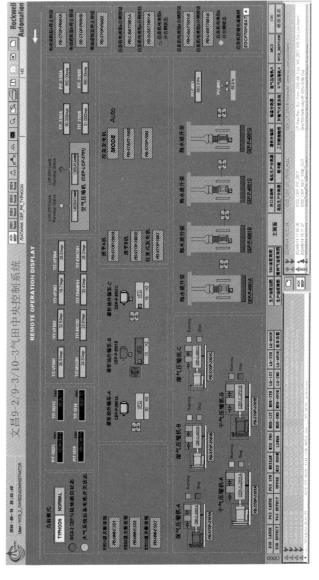

图 23　台风模式控制画面

图 24　台风遥控生产指挥中心

卫星天线罩，用于防台风；二是增加通信链路，在现有的卫星天线系统上，平台增加 1 台卫星 MODEM，陆地增加 1 台卫星 MODEM，与原有链路合并，形成冗余链路（见图 25）。

（4）优化正常生产模式及避台远程遥控生产模式

①中央控制系统新增台风控制模式。新增正常生产模式、台风模式选择开关，可以切换生产

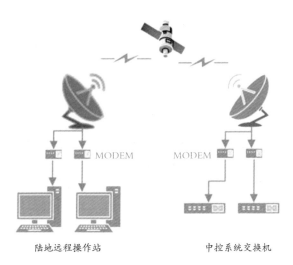

陆地远程操作站   中控系统交换机

图 25   海陆通信控制链路

模式（见图 26）。

②梳理台风控制上下游关断逻辑。增加台风模式生产下通信中断 10min 时气田执行三级关断逻辑，再延时 10min 后执行一级关断逻辑。台风模式生产下，当海管压力高时，旁通下游 A 平台过来的关断信号会直接导致 ESD-3 级关断。台风模式生产下，增加应急柴油消防泵控制逻辑，当

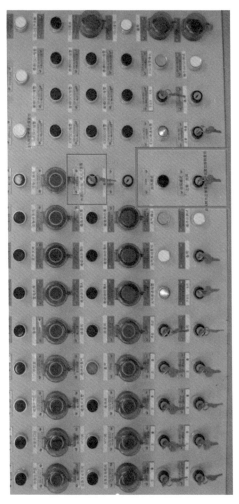

图 26　正常生产模式／台风模式切换装置

产生 ESD-1 级关断时，自动旁通启动信号（消防水压力低信号）。台风模式生产下，增加火气系统电池供电回路自动切断功能，当 ESD-1 级关断发生 30min 后自动切断电池供电。发生 ESD-3 级或 ESD-2 级关断后，远程手动执行 ESD-1 级关断。

三、台风遥控生产应用效果

2020 年在"沙德尔"台风期间，气田群实现了湛江基地全程遥控生产，挽回天然气产量损失约 $300 \times 10^4 m^3$、凝析油产量损失约 $946 m^3$。经此次实际台风的考验，验证了某油气田群台风遥控生产模式能够正常运用于台风来临等恶劣天气下的陆地远程生产监控及简单的生产故障处理，同时带来了巨大的社会效益及经济效益。

①保障粤港澳大湾区能源供应稳定。某油气田群生产的天然气外输至南海西部海管大动脉，海管下游用户群体分布在广东省及香港、澳门特

别行政区等，尤其在冬季及台风的双重影响下，正常保供尤为重要。油气田群实现台风遥控生产能够有力地保障下游用户供气稳定，持续为粤港澳大湾区绿色低碳发展和稳定可靠的清洁能源输送作出贡献。

②提高海上平台生产时率，创造效益。2014—2018 年，对油气田群所在海域影响生产的台风进行统计，油气田群相关装置台风关断总时间为 676.6 小时，平均每年损失时间为 135.32 小时（约 5.6 天）。根据年均避台天数，油气田群实现台风遥控生产增产天然气约 $500 \times 10^4 m^3$、原油 $1500 m^3$。

③推广应用前景及对行业科技进步产生巨大的影响。相关创新改造思路及良好实践模式已推广至其他海域装置，相关装置在 2021 年已完成相应改造并进行了实测取证，应用效果良好。

台风遥控生产改造为未来油气田项目智能化

建设储备了关键技术。未来，自动控制操作生产可升级为常态化生产模式，为海上平台的无人化、少人化建设探出新路，油气田开发生产迈上高质量发展台阶。

第五讲

压缩机一键启停创新技法

一、压缩机传统启停方式存在的问题

往复式压缩机（见图 27），作为海洋油气开采领域天然气增压的关键设备，常运用于介质流量低于 200×10^4 m³/天的工况，压力及流量可调范围大。但是它结构复杂、占用空间大，并且通常需要持续注入润滑油进行湿式润滑。

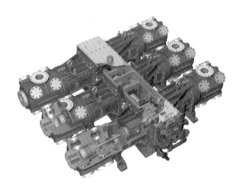

图 27　往复式压缩机

目前海上平台机组采用进口核心部件，选用国内配件进行组装成橇，存在以下问题：一是现有往复式压缩机各关键设备由不同厂家提供，控制系统、辅助系统、启动系统各自独立，缺少有效的顺控连接及连锁保护；二是启机过程中各步骤均需要人员干预，根据人工经验判断各阶段状态，依次启停相关系统，启机效率低；三是对操作人员素质、技能要求高，启机过程中多人次介入，存在误操作造成安全生产事故的隐患；四是启动过程中需要人员频繁对旋转部件周边设备进行操作，存在将人员卷入造成伤亡的风险；五是海上油气开采平台趋向于无人化、少人化、智能化发展，目前多级往复式压缩机自动化程度低，无法适应发展要求。

二、压缩机一键启动技术方法

针对上述问题，将多级往复压缩机启停全流程进行顺控整合，通过程序控制，形成一套自动化程度高、安全高效的启停技术。

一键启停系统包括一键启停单元、正压通风

及火气系统自检单元、外部辅助系统自检单元、机组内部电仪系统自检单元、保护层状态自检及确认单元、压缩机启动单元、压缩机负荷调整单元共七个单元（见图28），每个单元之间将控制参数及判决调节写入控制程序，根据顺控逻辑完成启停操作。

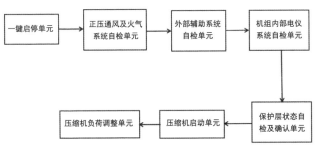

图28　多级往复式压缩机一键启停单元控制

海上油气开采平台多级往复式压缩机一键启停逻辑判断步骤（见图29）包括：步骤S1，一键启动压缩机，保护层A类投用，进入步骤S2；步骤S2，判断正压通风及火气系统自检是否满足

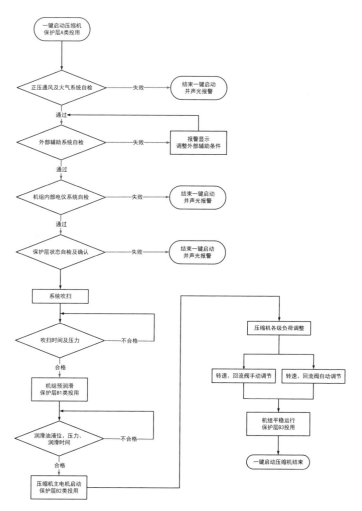

图 29   多级往复式压缩机一键启停逻辑判断步骤

条件，若满足条件则进入步骤 S3，若不满足条件则进行声光报警并退出一键启动；步骤 S3，判断外部辅助系统自检是否满足条件，若满足条件则进入步骤 S4，若不满足条件则报警显示调整外部辅助系统至合格条件，重新进入步骤 S3；步骤 S4，判断机组内部电仪系统自检是否满足条件，若满足条件则进入步骤 S5，若不满足条件则进行声光报警并退出一键启动；步骤 S5，进行保护层状态自检及确认，若满足条件则进入步骤 S6，若不满足条件则进行声光报警并退出一键启动；步骤 S6，进行系统吹扫，包括机组吹扫及工艺管线吹扫，吹扫时间及压力合格后则进入步骤 S7；步骤 S7，机组预润滑、保护层 B1 类投用，润滑油液位、压力、润滑时间合格后则进入步骤 S8，若不合格则进行调整，满足要求后重新进行步骤 S7；步骤 S8，压缩机主电机启动，保护层 B2 类投用；步骤 S9，压缩机各级负荷调整，保护层

B3 类投用；步骤 S10，压缩机一键启动结束。

往复式压缩机一键启停方法流程如下：

（1）一键启停

一键启停单元，用于一键启机和一键停机。一键启停单元为一键启停控制系统中枢，包括整体的控制逻辑和人机界面 HMI，由 PLC（可编程逻辑控制器）及其相关配件、触摸屏、空间加热器、温湿控制器等组成。同时为减少数据传输响应时间，与海上平台中央控制室操作站建立压缩机远程操作站，采用光纤连接方式，实现压缩机一键启停（远程遥控启停）。

（2）正压通风及火气系统自检

正压通风及火气系统自检包括控制柜正压通风系统自检及机组橇内火气系统自检，若自检正常，则进入下一步骤；若自检失败，则进行声光报警并退出一键启动。

控制柜正压通风系统自检流程如下：首先打

开正压通风柜体仪表进气阀门进行运行测试，仪表气经过过滤减压阀、精密减压阀给柜体换气5min，流量开关指示灯点亮，对柜体压力进行检测。若压力低，则关断控制柜并进行声光报警；若压力高，则进行报警，压力正常后，流量指示灯灭，控制系统开始投用。

火气系统自检主要包括橇块内的可燃气探头、火焰探头、紧急关断按钮、爆破膜状态自检。通常橇块内可燃气探头及火焰探头安装位置为橇块前后左右四个角顶部，触发逻辑为 n 选 1，逻辑触发后关断机组并进行泄压放空。

（3）外部辅助系统自检

外部辅助系统自检通过则进入下一步，自检失败则报警显示调整外部辅助系统至合格条件，重新进行自检。

（4）机组内部电仪系统自检

内部电仪系统自检，包括调节阀行程测试、

变送器及阀门状态反馈检测及变频器自检，确保
阀位动作正常。变送器自检包括温度、压力、液
位、流量、振动、转速等各类变送器变送模块及
数据传输状态自检，确保变送器正常投用。

（5）保护层状态自检及确认

保护层状态自检及确认指的是检查确认保护
层内各信号状态是否正常，关断值、报警值、调
节阀设定值是否合理。保护层信号根据启机时序
及重要程度分为 A、B1、B2、B3、C 共五类，不
同类别信号触发机组相应动作。保护层分类及投
用条件如下：

A 类：步骤 S1 投用，触发则导致机组关断；

B1 类：步骤 S7 投用，触发则导致机组关断；

B2 类：步骤 S8 投用，触发则导致机组关断；

B3 类：步骤 S9 投用，触发则导致机组关断；

C 类：步骤 S1 投用，触发则导致机组报警，
不导致机组关断。

保护层内各级别信号触发机组相应动作，保护层流程见图 30。

（6）压缩机启动

压缩机启动包括系统吹扫、机组预润滑、主电机启动步骤。系统吹扫，包括机组吹扫及工艺管线吹扫，吹扫时间及压力合格后，则进入机组预润滑，保护层 B1 类投用；润滑油液位、压力、润滑时间合格后，则启动压缩机主电机，保护层 B2 类投用。

在系统吹扫过程中，打开吹扫阀及放空阀、关闭各级压缩机回流阀时，对机组腔室吹扫 90s；打开回流阀时，对回流管线吹扫 90s。吹扫到达预定时间，关闭放空阀，持续充压至启机压力 700 kPa，吹扫程序完毕。

机组预润滑，保护层 B1 类投用，具体为：自动检测高位注油油箱液位高于 1/3，自动检测曲轴箱润滑油液位位于 1/3~2/3 处，确认液位正

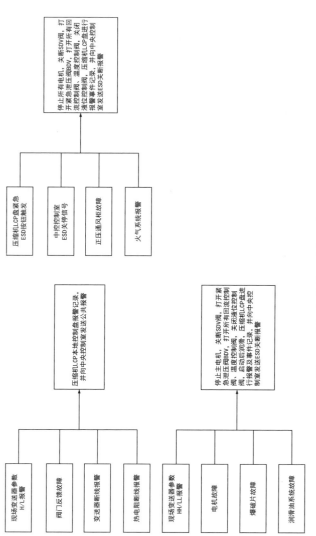

图 30　多级往复式压缩机保护层流程

常后启动预润滑油泵及冷却风机进行润滑，延时10s 后保护层 B1 类投用。当检测润滑油温度低于 40℃时，启动润滑油加热器，到达温度设定后停运加热器。当检测润滑油压力大于 100 kPa 时，表示油压建立成功，开始润滑计时 120s；当检测压力小于 300 kPa 时，表示油压建立失败，进行润滑油系统检查调整，满足要求后重新进行预润滑步骤。

压缩机主电机启动，具体为：主电机带动主润滑油泵运转，润滑油压力继续上升至大于 375 kPa 后，延时 10s，预润滑油泵停止运行。压缩机各级回流阀均处于全开状态，主电机变频启动至 30 Hz，转速缓慢爬升至预定待机转速，调整完毕后保护层 B2 类投用。

（7）压缩机各级负荷调整

压缩机各级负荷调整，具体为：进口加载阀前后压差小于设定值，打开进口加载阀、出口关

断阀，关闭充压阀，达到外输压力后，保护层 B3
类投用。压缩机各级负荷调整包括手动模式及自
动模式，手动模式由操作员根据机组各级进口压
力、负荷手动调整回流阀开度及压缩机转速；自
动模式由机组根据设定的进口压力首先调整回流
阀，当出现气量不足时，电机转速先自动降低，
待转速降低至最低转速后，若气量仍然不足，开
始自动调节回流阀，实现机组稳定运行。

（8）压缩机停机

压缩机停机模式分为正常停机、紧急关断停
机及运行异常停机。其中，正常停机触发后，电
机先自动降频至 30 Hz，各级回流阀逐步打开，
完成卸载过程，之后停止主电机，关闭进出口关
断阀，打开紧急泄压阀，关闭排液阀及液位控制
阀，打开温控阀，启动后润滑设置，预润滑油泵
及冷却风机启动运行 5min 后停止，压缩机完全
正常停机。

紧急关断停机主要是由火气系统及正压通风系统、现场及中央控制室远传 ESD 信号触发，压缩机进入紧急停车流程，停止主电机，关闭进出口关断阀，打开紧急泄压阀，关闭排液阀及液位控制阀，打开温控阀，不进行后润滑程序。

运行异常停机主要由运行参数异常触发相应保护层导致，停止主电机，关闭进出口关断阀，打开紧急泄压阀，关闭排液阀及液位控制阀，打开温控阀。启动后润滑设置，预润滑油泵及冷却风机启动运行 5min 后停止，压缩机完全正常停机。

三、压缩机一键启停应用效果

压缩机一键启停技术，将压缩机组安全运行的各项因素、技术指标均考虑在内，具有自动化、智能化程度高，安全保障性、运行可靠性强等特点。

　　本技法实施后，将原本需要手动操作的项目整合成一键控制系统，一方面大大减少了现场人员的工作量，提高了工作效率，同时避免了人员误操作导致的安全生产隐患；另一方面，压缩机一键启动功能的实现也满足了海上油气开采平台少人化、无人化、智能化及远程遥控生产的发展趋势要求，降低了海上油气开采平台的运行成本，具有广阔的推广应用前景。

后　记

2010 年，我大学毕业，来到中国海油崖城作业公司南山终端，成为一名海洋油气操作工。海洋油气操作工是海洋石油工业的重要参与者，也是这一行业的核心工种，其工作内容贯穿海上平台及陆地终端油气开采、集输、储存整条主线。因此，作为一名操作工，我们不仅要学得多，还要学得透；不仅要学得快，还要学得好。

在南山终端工作期间，我苦练本领。在不断学习的同时，我意识到在终端厂区，小到一块仪表、一个法兰，大到一整条工艺处理流程，都存在可提升、可优化、可挖潜的空间。带着"初生牛犊不怕虎"的闯劲儿，我着手尝试对一些简单的流程和设备进行优化改造。虽然攻坚的过程异常辛苦，但我始终坚信"世上无难事，只要肯登攀"的道理。我在一年内先后完成了十余项改造和发明，同时发现，往往一个小改造、小发明便能解决工作中的大问题，为作业人员提供大便利。

如今，中国海洋石油工业历经数十年蓬勃发展，早已走出那个依靠人拉肩扛、土法上马的年代，正向着高温高压、超深水、页岩油等非常规领域大步进军。随着"四个革命、一个合作"能源安全新战略的制定以及国家对推动石油行业国产化、数智化、绿色化发展提出的系列战略部署的推进，未来的海洋石油工业对广大海油人提出了更高的要求——我们不仅要敢于攻坚、善于克难，更要不断地学习、探索和创新，要向能够充分掌握现代技术、操作开发高端先进设备、具有知识快速迭代能力、驾驭新型资源配置的高端复合型人才发展，这样才能让海洋石油工业高科技、高效能、高质量的特征更加明显，也更加符合新发展理念背景下的先进生产力要求。

大道至简，实干为要。我坚信，技术创新的道路上有翻不完的山，但没有过不去的坎儿。海洋石油工业绿色化、数智化发展的根本目标是让海洋油气资源开发更加安全、高效、绿色、环保，让海洋油气开发真正走上可持续发展道路。未来，我会继续深学细做，深入钻研，聚焦油气生产工艺流程和设备设施，创新研发出更多专利技术，并在推动成果转化上不断发力，让更多"金点子"落实落地，真正成为提高一线作业质效的优法良方。

兴企之道，重在育才。我也将继续依托自己的技能工作室，培养出越来越多"懂技术，有想法，能创新，敢尝试"的油气生产一线作业人员，鼓励更多人走上技能报国的道路，坚持以先进技术赋能行业发展，以创新思维助推海洋强国战略实施，以不断提高中国海洋石油工业生产质效、规模和油气保供能力为己任，在我国广袤的"蓝色国土"上精耕细作，为夯实国家能源安全基础、助推国民经济长足稳健发展作出更大贡献。

陈可营

2024 年 6 月

图书在版编目（CIP）数据

陈可营工作法：海洋油气生产绿色数智化设计与应
用 / 陈可营著. -- 北京：中国工人出版社, 2024. 6.
ISBN 978-7-5008-8472-9

Ⅰ. TE5

中国国家版本馆CIP数据核字第2024NZ9857号

陈可营工作法：海洋油气生产绿色数智化设计与应用

出 版 人　董　宽
责 任 编 辑　孟　阳
责 任 校 对　张　彦
责 任 印 制　栾征宇
出 版 发 行　中国工人出版社
地　　　址　北京市东城区鼓楼外大街45号　邮编：100120
网　　　址　http://www.wp-china.com
电　　　话　（010）62005043（总编室）
　　　　　　（010）62005039（印制管理中心）
　　　　　　（010）62379038（职工教育编辑室）
发 行 热 线　（010）82029051　62383056
经　　　销　各地书店
印　　　刷　北京市密东印刷有限公司
开　　　本　787毫米×1092毫米　1/32
印　　　张　3.375
字　　　数　38千字
版　　　次　2024年8月第1版　2024年8月第1次印刷
定　　　价　28.00元

优秀技术工人百工百法丛书

第一辑 机械冶金建材卷

100 ARTISANS AND 100 TECHNIQUES SERIES

郭玉明
工作法
复吹转炉底吹的
精准维护

100 ARTISANS AND 100 TECHNIQUES SERIES

金国平
工作法
炼钢连铸设备
智能化的
运维与改善

100 ARTISANS AND 100 TECHNIQUES SERIES

李兵
工作法
汽车发动机故障
诊断与维修

100 ARTISANS AND 100 TECHNIQUES SERIES

李凯军
工作法
压铸模具
制造

100 ARTISANS AND 100 TECHNIQUES SERIES

林学斌
工作法
连铸
电气设备的
点检

100 ARTISANS AND 100 TECHNIQUES SERIES

刘伯鸣
工作法
带直段锥体的
锻造与成形

100 ARTISANS AND 100 TECHNIQUES SERIES

刘更生
工作法
京作硬木家具制作
水磨、烫蜡技艺

100 ARTISANS AND 100 TECHNIQUES SERIES

潘从明
工作法
萃取设备的
设计与制造

100 ARTISANS AND 100 TECHNIQUES SERIES

裴永斌
工作法
弹性油箱
全自动数控
加工技术

100 ARTISANS AND 100 TECHNIQUES SERIES

邵志村
工作法
铜精矿火法的
双闪冶炼

100 ARTISANS AND 100 TECHNIQUES SERIES

王树军
工作法
设备的养护
与修理

100 ARTISANS AND 100 TECHNIQUES SERIES

王万松
工作法
热轧带钢
板形的控制

100 ARTISANS AND 100 TECHNIQUES SERIES

温广勇
工作法
玻璃纤维拉丝
设备的
维修与优化

100 ARTISANS AND 100 TECHNIQUES SERIES

文寨军
工作法
低热硅酸盐
水泥的制备
及应用

100 ARTISANS AND 100 TECHNIQUES SERIES

徐成东
工作法
肉眼秒判
奥斯麦特炉渣
含铅品位

100 ARTISANS AND 100 TECHNIQUES SERIES

郑久强
工作法
转炉炼钢炉型的
控制与操作

优秀技术工人百工百法丛书

第二辑　海员建设卷